BEI GRIN MACHT SICH IHR WISSEN BEZAHLT

- Wir veröffentlichen Ihre Hausarbeit,
  Bachelor- und Masterarbeit

- Ihr eigenes eBook und Buch -
  weltweit in allen wichtigen Shops

- Verdienen Sie an jedem Verkauf

Jetzt bei www.GRIN.com hochladen
und kostenlos publizieren

Martin Thiem

Die Leistungsfähigkeit des Baustoffes Holz am Beispiel des EXPO-Daches anlässlich der Weltausstellung 2000 in Hannover

GRIN Verlag

Bibliografische Information der Deutschen Nationalbibliothek:

Die Deutsche Bibliothek verzeichnet diese Publikation in der Deutschen National-
bibliografie; detaillierte bibliografische Daten sind im Internet über http://dnb.d-
nb.de/ abrufbar.

Impressum:

Copyright © 2005 GRIN Verlag, Open Publishing GmbH
Druck und Bindung: Books on Demand GmbH, Norderstedt Germany
ISBN: 978-3-640-72899-2

Fakultät für Sozialwissenschaften

Hausarbeit zum Seminar Technische Anteile
„Meilensteine der Bauwissenschaft und Bautechnik"

Die Leistungsfähigkeit des Baustoffes Holz am Beispiel des EXPO-Daches anlässlich der Weltausstellung 2000 in Hannover

vorgelegt von:

Leutnant

Martin Thiem

Staats- und Sozialwissenschaften

Inhaltsübersicht

1. Einleitung

Holz gilt als eines der ältesten Dinge der Natur, mit dem die Menschen Erfahrung gesammelt haben. Neben der Verwendung des Holzes zum Feuermachen und zur Herstellung von Waffen und Werkzeugen wurde es schließlich vermehrt zum Bau von Behausungen angewendet. Im Verlauf der Zeiten veränderte sich unter Einfluss unterschiedlicher Faktoren der Umgang damit, der zu einer Entwicklung von primitiven Strukturen hin zu aufwendigen Bauwerken führte.

Diese Seminararbeit setzt sich auseinander mit der Fragestellung, wie leistungsfähig der Werkstoff Holz ist. Dazu gliedert sich die Arbeit in drei Teile: Zuerst werden Aufbau und Eigenschaften des Baustoffes Holz vorgestellt, daran anschließend erfolgt ein Überblick über die Geschichte des Holzbaus, um dort die wesentlichen Entwicklungen aufzuzeigen. Im dritten Teil soll mit dem Sonderbauwerk EXPO-Dach[1] – anlässlich der Weltausstellung *EXPO 2000* in Hannover gebaut – an einem konkreten Objekt der aktuelle Entwicklungsstand des Holzbaus nachgewiesen werden. Die (Holz-) Bauindustrie hat sich ihre Meinung dazu schon gebildet:

> *„Als Symbol der Weltausstellung wie auch als größtes Holzdach der Welt wird es weit über das Jahr 2000 hinaus einen Meilenstein in der Geschichte des Holzbaus darstellen."*[2]

Die Frage nach der Leistungsfähigkeit bedeutet, ob Holz ein konkurrenzfähiger Werkstoff ist, der in seiner nachgesagten vielseitigen Verwendungsfähigkeit jüngeren/ moderneren Baustoffen wie Stahl und Beton – besonders ihres Verbundbaustoffs Stahlbeton – »das Wasser« reichen kann. Dabei soll auch auf den Umweltaspekt eingegangen werden (Gedanke der „Nachhaltigkeit").

Die Arbeit schließt ab mit einer Zusammenfassung und einem Ausblick auf die Zukunft des Holzes beziehungsweise des Holzbaus an sich.

Als wesentliche Literatur dienen Aufsätze, die im Internet zu finden waren, als »reichhaltige Quelle« erwies sich die Homepage *„www.infoholz.de"*. Dort ist es möglich, zu den vielen Bereichen der Holzanwendung Broschüren und Fachaufsätze als pdf-Datei kostenlos zu beziehen.

---

[1] In der benutzten Literatur gibt es unterschiedliches Schreibweisen: EXPO-Dach, EXPODACH, Expo-Dach und Expodach. Ich habe mich für erstere entschieden, Abweichungen vom Entschluss sind im Anspruch richtigen Zitierens begründet. In Bezug auf „korrektes" Zitieren, wird bei Zitaten die Verwendung des »ß« bei kurzen Vokalen beibehalten, auf die Kennzeichnung »[sic!]« wird in diesem Falle verzichtet.

[2] Arbeitsgemeinschaft Holz e.V. (Hrsg.): Das ExpoDach in Hannover, errichtet anläßlich der Weltausstellung EXPO2000. Düsseldorf, Arbeitsgemeinschaft Holz e.V., 2000, S. 6.

Als klassische Literatur in Buchform wurde vor allen Dingen das Buch von Thomas Herzog: EXPODACH. Symbolbauwerk zur Weltausstellung Hannover 2000[3] benutzt.

Professor Thomas Herzog ist mit der Firma Herzog + Partner BDA, München, an der Entstehung des zu betrachtenden Bauwerks beteiligt gewesen und beschreibt mit anderen Autoren in diesem Buch die Entwicklung des Bauwerks von der Idee bis zur Fertigstellung.

2. Vorstellung des Baustoffes Holz

„Holz, umgangssprachl. Bez. für die Hauptsubstanz der Stämme, Äste und Wurzeln der Holzgewächse; in der Pflanzenanatomie Bez. für das vom Kambium nach innen abgegebene Dauergewebe, dessen Zellwände meist durch Lignineinlagerungen (zur Erhöhung der mechan. Festigkeit) verdickt sind."[4]

Die lexikalische Definition gibt wider, was landläufig unter dem Begriff »Holz« zu verstehen ist. Die große Vielzahl an Holzarten – etwa weltweit 30.000[5] – zeigt die Variationen der biologischen Struktur des lebenden Organismus Baum. Die Anzahl der Hölzer, die technisch genutzt werden, ist bedeutend geringer, nämlich 1.500-3.000. Unter technischer Nutzung kann die Verwendung als Brennholz verstanden werden, aber auch der Gebrauch zur Herstellung von Papierprodukten. In Europas Wäldern trifft man auf etwa 25 unterschiedliche Holzarten, von denen wiederum etwa 15 in der Baubranche eingesetzt werden.[6]

Der Aufbau des Holzes oder auch des Rohstoffträgers Baum – egal ob nun Nadelbaum oder Laubbaum – ist in der Grobstruktur gleich. Ein Baum besteht aus drei Organen: Erstens den Wurzeln, mit denen das im Boden befindliche Wasser und die dort enthaltenen Nährstoffe (bspw. Stickstoff, Phosphor, Schwefel, Kalium, Natrium, Calcium und weitere) aufgenommen werden. Das zweite Organ ist die sogenannte Sprossachse (der Stamm, die Äste und Zweige), das dritte sind die Blätter bzw. Nadeln.

Der Nährstofftransport verläuft in der beschriebenen Abfolge. Von den Wurzeln, dann über den Stamm, gelangt die Nahrung des Baumes zu den Blättern. Diese erfüllen eine sehr bedeutende Funktion: An ihrer Unterseite sind Spaltöffnungen, mit denen aus der Luft CO_2 gefiltert wird.

---

[3] Herzog, Thomas (Hrsg.): EXPODACH. Symbolbauwerk zur Weltausstellung Hannover 2000. Roof Structure at the World Exhibition, Hanover, 2000. Prestel-Verlag, München – London – New York, 2000. Das Buch enthält Aufsätze jeweils in deutscher wie auch englischer Sprache. Bei Zitaten aus dem Buch wird jeweils nur die deutsche Fassung belegt.

[4] Meyers Großes Taschenlexikon in 26 Bänden. 9., neu bearbeitete und erweiterte Auflage. Mannheim: Bibliographisches Institut & F.A. Brockhaus AG, 2003, Band 10: Hig-Isk, S. 3113.

[5] Vgl. Volz, Michael: Der Baustoff Holz. In: Herzog, Thomas/Natterer, Julius/Schweitzer, Roland/Volz, Michael/Winter, Wolfgang (Hrsg.): Holzbau Atlas. 4. Auflage, neu bearbeitet. Basel: Birkhäuser-Verlag für Architektur, 2003, S. 31.

[6] Vgl. ebd., S. 31.

Zusammen mit dem Blattgrün (Chlorophyll) entsteht Traubenzucker. Dieser chemische Prozess wird durch das Sonnenlicht beschleunigt (chem. katalysiert) und nennt sich *Photosynthese*. Vom Traubenzucker spaltet sich der Sauerstoff ab und es entsteht Stärke. Diese ist der Grundbaustein für die Zellulose.[7] Vom chemischen Aufbau her sind die Masse-% Verteilungen in allen Holzarten gleich: ~ 50% Kohlenstoff, ~ 44% Sauerstoff und ~ 6% Wasserstoff.[8] Bei den chemischen Verbindungen gibt es – je nach benutzter Literatur – größere Variationsbreiten: Gerüstsubstanz Zellulose 40-60%, Hemizellulose (teilweise Gerüstsubstanz) 6-27%, Lignin[9] (eine Kittsubstanz) 18-41% und bei den Holzinhaltstoffen [Reservestoffe, Farb-, Gerb-, Imprägnierstoffe (Wachse, Harze)] 2 bis 7%.[10] Letztgenannte stellen die Beständigkeit des Holzes gegenüber natürlichen Einflüssen sicher.

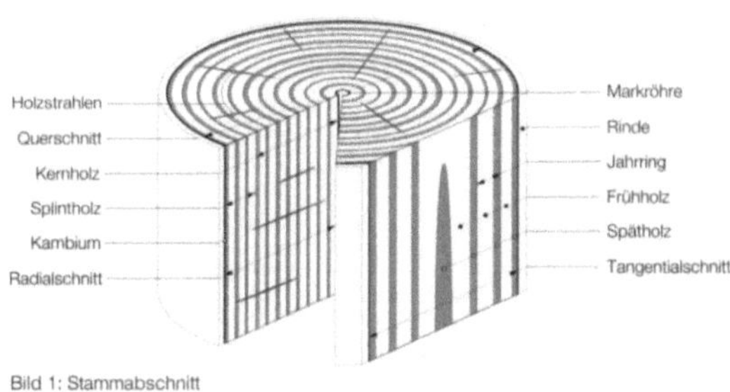

Bild 1: Stammabschnitt

Bild 1: Makroskopischer Aufbau eines Stammes.

Quelle: Volz, Michael: Der Baustoff Holz. In: Herzog: Atlas, S. 31

Anhand der Abbildung [Bild (1)] wird der makroskopische Aufbau des Holzes erläutert. Der Stammquerschnitt besteht bei den meisten Holzarten aus fünf Bereichen:

Der Markröhre im Inneren, anschließend aus den Abschnitten des Kern- und Splintholzes, dann aus dem Kambium und der Rinde, bestehend aus Innenrinde (Bast) und Außenrinde (Borke). In

---

[7] Vgl. Hiese, Wolfgang: Holz und Holzbaustoffe. In: Hiese, Wolfgang (Hrsg.): Baustoffkenntnis. 14., neubearbeitete und erweiterte Auflage. Düsseldorf: Werner-Verlag, 1999, S. 779.

[8] Vgl Volz, Baustoff, S. 31.

[9] Lignin ist ein Benzolderivat. Der chem. Aufbau ist noch nicht vollständig analysiert. Am Ende des Zellwachstums wird Lignin gebildet und bewirkt eine Zellgerüstversteifung und sorgt hauptsächlich für die Druckfestigkeit (Vgl. Hiese, Holz, S. 780.).

[10] Vgl. Hiese, Holz, S. 779. Bei Volz finden sich folgende Zahlenangaben: 40-50% Cellulose, 20-30% Hemicellulose, 20-30% Lignin und bis zu 10% Holzinhaltstoffe. Bei den chemischen Elementen unterscheiden sich die Variationsbreiten von Herzog zu Hiese nicht so stark: C 40-50%, H 5-6%, O 44%, N 0,01%, Asche (Mineralsubstanz) 0,6% [Zahlenangaben bei Volz (Herzog, Atlas, S. 31 f.) und bei Hiese (Hiese, Holz, S. 779)].

die Länge wächst der Organismus Baum jeweils an den Endpunkten seiner Sprossachsen (Stamm, Äste, Zweige), das Dickenwachstum hingegen findet im Kambium statt. Die Rinde des Baumes dient als Schutzschicht und schützt Kambium und Holz vor mechanischer Beschädigung wie auch dem Austrocknen.

Die Unterscheidungsarten des Holzes nach Splint-, Reif- und Kernholz sind in der unterschiedlichen Stammausbildung der Baumarten und der Funktionsverteilung im Stamm begründet. Beim Splintholz wird über dem gesamten Querschnitt der Wasser- und Nährstofftransport bewerkstelligt, beim Reifholz geschieht dies in den äußeren Jahresringen, beim Kernholz – logisch – im Kern.[11]

Die Unterscheidung der Eigenschaften und Holzarten sind im wesentlichen im Zellaufbau und der Anordnung im Organismus begründet. Grundsätzlich jedoch haben die meisten Zellen eine langgestreckte Form. Sie werden als Fasern bezeichnet und wachsen vornehmlich in der Längsrichtung im Stammquerschnitt. Je nach Typ erfüllt die Zelle die Aufgabe der Festigung, der Stoffleitung oder -speicherung.

Nadelholz gilt als entwicklungsgeschichtlich ältere Holzart und hat einen einfachen Zellaufbau, bei der in der Regel ein Zelltyp überwiegt und alle oben aufgeführten Aufgaben versieht. Das entwicklungsgeschichtlich jüngere Laubholz hat hingegen in seiner Faserstruktur eine Spezialisierung vollzogen, die nun auch Gefäße bilden.

Die typische Holzmaserung gilt als wesentliches visuelles Unterscheidungsmerkmal der unterschiedlichen Holzsorten. Diese entsteht aufgrund der Lage und Richtungsanordnung der Zellen, Gefäße und Jahresringen zueinander.[12]

Die allgemeinen Eigenschaften des Holzes können wie folgt beschrieben werden:

> *„Holz besitzt bei geringer Eigenlast gute Festigkeitseigenschaften, geringe Schwind- und Quellmaße, und es ist mit Maschinen und Werkzeug leicht bearbeitbar. Im Ingenieurholzbau sind nur die Hölzer zu verwenden, die für die statische Beanspruchung geeignet sind und bei denen die Standsicherheit des Bauwerks gewährleistet ist. Im Wesentlichen sind dies die europäischen Nadelholzarten: Fichte, Tanne, Lärche, Kiefer und Douglasie.“[13]*

Diese Definition unterstreicht vor allen Dingen die Notwendigkeit der Standsicherheit für die Anwendung im Bauwesen. Holz aber bietet als Baustoff den Vorteil gegenüber anderen Baustoffen, dass sowohl Druckspannungen als auch Zugspannungen aufgenommen werden können, hingegen Beton hauptsächlich Druck- und Stahl Zugbeanspruchung verteilen kann. Ledig-

---

[11] Vgl. Volz, Baustoff, S. 31.
[12] Vgl. ebd., S. 32.
[13] Hiese, Holz, S. 785.

4

lich der Verbundstoff Stahlbeton vermag die Wirkung beider Kraftrichtungen abzuleiten, verfügt dabei aber über eine höhere Eigenlast.

Die Anwendungsbereiche der drei für das Bauwesen wichtigsten Nadelhölzer sind folgende: Die Fichte wird vor allem im Innenbau als Konstruktionsholz verwendet; des weiteren dient es zu Herstellung von Rahmen, Masten, Kisten und als Industrieholz. Schälholz wird für Sperrholzplatten gebraucht. Die Kiefer findet ihre Anwendung auch im Innenbau, wird aber auch als Massivholz für die Möbelherstellung genutzt, zu Funierholz verarbeitet, für Verkleidungen gewählt, als Bodenbelag benutzt und als Grubenholz wie auch Industrieholz verwendet. Die Tanne, besonders die Weißtanne, wird im Hauptteil dieser Arbeit vorkommen. Ihre Hauptanwendungsbereiche sind die gleichen wie bei der Fichte. Allen drei vorgestellten Holzarten gleich ist, dass eine Anwendung im Außenbereich nur mit Holzschutz möglich ist.[14]

Zu den Laubhölzern wird im Buch „Baustoffkenntnis" folgende Definition gegeben:

> *„Laubhölzer (LH) sind meist von höherer Eigenlast und nicht immer so gleichmäßig gewachsen. Die dadurch bedingte schwankende statische Beanspruchbarkeit, verbunden mit dem höheren Preis, machen sie für den Ingenieurholzbau weniger geeignet."[15]*

Aufgrund dieser Eigenschaften findet man Laubhölzer im Bauwesen nur dort, wo der höhere Preis einen Einsatz rechtfertigt, weil bspw. Nadelhölzer die notwendigen Anforderungen nicht bieten. Besonders die Eiche findet wegen ihrer herausragenden Dauerhaftigkeit im Medium Wasser im Wasserbau ihre Anwendung.

Zusammenfassend lassen sich über Nadelhölzer folgende Eigenschaften sagen: Lange Fasern, schneller und gleichmäßiger Wuchs, leicht und preiswert und dabei ein sehr gutes Verhalten gegenüber Biegespannungen.

Laubhölzer bieten in der Zusammenfassung folgende Eigenschaften: Kurze Fasern, langsamerer und nicht immer gleichmäßiger Wuchs, schwerer und in der Regel teurer, aber besonders geeignet für Druckbeanspruchung.[16]

---

[14] Vgl. Volz, Baustoff, S. 34 f.

[15] Hiese, Holz, S. 785.

[16] Vgl. Tabellenbuch Bautechnik. Tabellen – Formeln – Regeln – Bestimmungen. 4. überarbeitete Auflage. Haan-Gruiten: Verlag Europa-Lehrmittel, 1997, S. 174.

3. Überblick über die Geschichte des Holzbaus

Wie in der Einleitung bereits erwähnt, ist Holz sehr eng an die Entwicklung des Menschen gebunden. Holz war bzw. ist zum einen »Rohstoff« zum anderen »Werkstoff« des Menschen. Willi Mönk und Wolfgang Rug stellen fest, dass dies unterschiedliche Begriffe sind:

> *„»Rohstoffe« sind eine Vorstufe der »Werkstoffe« im Produktionsprozess. [...] Den Begriff »Rohstoff Holz« kann man im weitesten Sinne mit dem Begriff »Baustoff Holz« gleichsetzten. Wenn geschältes Rundholz als Bauholz verwendet wird, so wird der Rohstoff unmittelbar zum Baustoff. Schnittholz jedoch wird aus dem Rohstoff Holz gewonnen."*[17]

Der Begriff »Werkstoff Holz« meint vor allen Dingen den Prozess der mechanischen Fertigung bzw. Veränderung der Gestalt des Holzes durch Ver- bzw. Bearbeitung.[18]

Die Entwicklung im Bauwesen ging von primitiven Holzbauten, bei denen Holz als lose Gerippestruktur verbaut wurde, die dann mit Fellen oder Gewächsen bedeckt wurden über die herausragenden Skelettstrukturen im Schiffbau des 18. und 19. Jahrhundert bis zu den Errungenschaften des modernen Holzingenieurbaus. Der Baustoff erwies sich über alle Zeiten als sehr flexibel und anpassungsfähig in Bezug auf die unterschiedlichen Anforderungen seiner Umwelt. Der Umgang mit ihm brachte für den Menschen Fortschritt durch Erfahrung. Die einhergehende Ausbreitung an Kulturtechnik (Umgang mit Werkzeugen) und die tradierten Erfahrungen der älteren Generation zeigten sich in immer aufwändigeren Bauwerken aus Holz: Waren es in der Steinzeit freie Formen, gab es seit der Jungsteinzeit (~7.000 v. Chr.) die quadratischen Grundrisse bei Behausungen.[19] Als Zeugnis dieser Zeit kann heute noch die Pfahlbausiedlung am Bodensee bestaunt werden.

Ein Zeitsprung in Zeit Caius Julius Caesars mit seinem Versuch der Eroberung der Bereiche jenseits der Alpen verdeutlicht dort vor allen Dingen im militärischen Bereich die Nutzung von Pfahlbauten (Palisadenwälle der Feldbefestigungen/Forts). Aber auch die 600m lange Brücke für die Legionen, um den Rhein zu überqueren, war eine Pfahlkonstruktion. Zu der Zeit war es üblich, dass die Fußsoldaten – zusätzlich zur militärischen Ausrüstung – entsprechend Palisaden tragen mussten.

Auf den Bereich Europa beschränkt wurde Holz mehr und mehr durch Stein als Baustoff abgelöst. Die These, dass Städte im Mittealter eher »steinern« waren, ist nicht sehr aussagekräftig. Die Ausprägung liegt vielmehr an lokalen Begebenheiten, die für die Präferenz des einen Baustoffes dem anderen gegenüber ausschlaggebend sind (bspw. Hildesheim: Fachwerk; Nürn-

---

[17] Mönck, Willi/Rug, Wolfgang: Holzbau. Bemessung und Konstruktion unter Beachtung von Eurocode 5. 14., durchgesehene Auflage mit über 100 Rechenbeispielen nach DIN 1052 und EC 5. Berlin: Verlag Bauwesen, 2000, S. 11.

[18] Vgl. Mönck, Holzbau, S. 11.

[19] Vgl. Schweitzer, Roland: Der Baustoff Holz – von den Anfängen bis zum 19. Jahrhundert. In: Herzog, Atlas, S. 24 f.

berg: Sandstein). Aber auch die Verwendung des Baustoffes Stein war ohne Holz schwierig (Gerüstkonstruktionen (u.a. Leergerüste für das Mauern von Brückenbögen) oder als Dachtragwerke). In den nordeuropäischen Ländern fand der Stab- und Rundholzbau seine Verbreitung (Stabholzkirchen, Blockhäuser), im mitteleuropäischen Flachland setzte sich das Fachwerk mit den unterschiedlichen Ausfachungen (Stroh, Lehm, Ziegel) durch und in den Bereichen der Alpen – wieder wegen der geographischen Bedingungen – die massive Blockbauweise aus Rundholz bzw. Bohlen.[20]

Über einen sehr langen Zeitraum war Holz ein dominierender Baustoff gewesen. Die Materialentwicklungen während der Zeit der Industrialisierung und dem damit gesteigerten Einsatz alternativer – oder auch moderner angesehener – Baustoffe vor allen Dingen in Europa. In den ehemals klassischen Anwendungsbereichen des Brücken- und Hallenbaus wurde das Holz durch Stahl verdrängt. Holz verfügte nicht über die geforderten Eigenschaften und konnte nicht »Schritt halten« mit den Spannweiten, die durch die Verwendung von Stahl ermöglicht werden konnten. Erst die sich Anfang des 20. Jahrhunderts durchsetzenden Errungenschaften im Holzbau durch den Wandel vom *zimmermannsmäßigen Holzbau*, d.h. quasi auf Erfahrung beruhendem Wissen, zum *Ingenieurholzbau*, bei dem aufgrund wissenschaftlicher Forschung (Physik, Mechanik, Mathematik), die Einsatzmöglichkeiten des Materials Holz vergrößert wurden. Als besonders wichtige Stationen sind hier die Herstellung von Brettschichtholz zu nennen, mit der man vom begrenzten Querschnitt der Vollholzbalken Abstand nehmen konnte und Holzträger für die zu erwartende (= errechnete) Beanspruchung dimensionieren konnte und zum anderen der Gebrauch neuer mechanischer Verbindungsmittel (z.B. Nagel, Dübel, Metallanker). So konnten in dieser Zeit bei Hallen Spannweiten von 60m erreicht werden.

In einem anderen Bereich war das Holz aufgrund seiner physikalischen Eigenschaften im Vorteil: Zur Vergrößerung der Erreichbarkeit des Empfangs benötigte der expandierende Rundfunk Masten aus nicht-metallischen Materialien.

So wurden in den Jahren 1925 bis 1935 Sendemasten mit Höhen zwischen 70 und 190m gebaut.[21]

Die Kriegswirtschaft und Energieknappheit in den Zeiträumen beider Weltkriege begrenzten die Verwendung des Holzes auf den Bereich, der von militärischem Interesse (Barackenbau, Behelfsbrücken, Kriegsbrücken, Betonschalungen etc.) war oder auf die Funktion als Heizmaterial.[22]

---

[20] Vgl. Schweitzer, Anfänge, S. 24 f und 28.

[21] Vgl. Rug, Wolfgang: 100 Jahre Holzbautechnik. Aus Anlass von „100 Jahre BDZ" ein geraffter Rückblick (Teil 1). In: bauen mit holz. Heft 3/2003 [als pdf-Datei, URL= http://www.holzbaustatik.de/publikation/01_geschichte.htm (15.10.2004)], S. 28 f.

[22] Vgl. ebd., S. 29 f.

In der Zeit des Wiederaufbaus nach dem zweiten Weltkrieg gab es in Bezug auf die Forstwirtschaft folgende Zahlen:

> *„Für den Wiederaufbau wurde ein Holzbedarf von ca. 200 Mill. Festmetern errechnet, In den Nachkriegsjahren betrug der Einschlag jährlich etwa 30 Mill. Festmeter. 65 Mill. Festmeter wurden aber benötigt. Enorm war auch der Brennstoffverbrauch, allein im Winter 1946/47 wurden 9 Mill. Festmeter Holz verbrannt.“[23]*

Die gebotene Sparsamkeit zwingt zum optimierten Materialeinsatz: so wurden neue Klebeverfahren bei den Brettschichthölzern angewendet und wirtschaftliche Konstruktionen gebaut. Die Holzbranche erhoffte sich einen Boom aufgrund der entstehenden Holz-Fertighausindustrie. Die Branderfahrung der Bevölkerung im vergangenen Krieg und die daraus resultierende Angst dämpfte die Erwartungen so stark, dass dem holzverarbeitenden Gewerbe nur geringe Bereiche verblieben (z.B. Dachstühle, Holztreppen, Betonschalungen). In den 1970er Jahren blieben Innovationen weitestgehend aus. Erst seit den 1980er Jahren gab es einen neuen Innovationsschub: Neben neuen Ideen im Bereich der Materialverbesserung (neue Kleber etc.) ist hier vor allen Dingen der Einfluss der EDV zu nennen.

Herstellungsprozesse konnten optimiert werden, d.h. am Computer wurde das Bauteil entsprechend der benötigten Anforderungen entwickelt und im weiteren Verlauf computergestützt hergestellt (geleimt, gefräst etc.). Damit war und ist es beispielsweise möglich, aus Brettschichtholz dreiachsig gekrümmte Träger herzustellen.

Die gesteigerte Akzeptanz vom Holz als Hauptbaustoff ist eng mit der sogenannten »Öko-Bewegung« verbunden. Die Betonung des Umweltschutzaspektes und des ökologischen Wohnens förderten diese Entwicklung und sind auch heute noch ein gutes Marketing.

In der heutigen Zeit gilt das Holz aufgrund der Innovationen in punkto Leistungsfähigkeit als konkurrenzfähig gegenüber Stahl und Beton. Durch verbesserte Materialbeschaffenheit und Tragwerkstruktur sind im Hallenbau Spannweiten von bis zu 160m möglich. Sonderbauwerke (wie z.B. das im nächsten Kapitel beschriebene EXPO-Dach) werden aus Holz gefertigt. Der Holzbau dokumentiert eindrucksvoll die Verbindung von traditionellem Handwerk mit wissenschaftlich-technischer Innovation.[24]

Erwähnenswert ist abschließend, dass die Herstellung von Bauwerken aus den als »modern« angesehenen Baustoffen ohne Holz nicht vorstellbar ist: Stahl und dessen Vorläufer Eisen wären ohne Feuerholz (in der Anfangszeit) nicht herstellbar gewesen, weil das Erz geschmolzen werden musste und der Beton konnte durch Holzschalungen erst seine Bauteilform erhalten.

---

[23] Ebd., S. 30.
[24] Vgl. Rug, 100 Jahre, S. 30 f.

4. Das EXPO-Dach

Die Weltausstellung *EXPO 2000* fand vom 1.6. bis zum 31.10.2000 in Hannover statt. Das Leitthema dieser Ausstellung war »Mensch – Natur – Technik«. Zahlreiche auf dem Messegelände errichtete Gebäude setzten sich mit diesem Thema auseinander. Über den Zeitraum der Ausstellung hinaus ist das EXPO-Dach zum Symbol geworden und wird vor allen Dingen von der deutschen Holzbauindustrie als Demonstration der Handwerkskunst und Ingenieurfähigkeit gesehen, aber auch als Objekt, das zeigt, zu welchen Leistungen das Holz zu gebrauchen ist.

4.1. Die Idee des Bauwerks und warum Holz als Baumaterial verwendet wurde

Das Thema der Ausstellung sollte in einem Bauwerk dargestellt werden. Der Architekt Thomas Herzog betont, dass die drei durch das Konzept der Ausstellung festgelegten Begriffe auch umgesetzt werden müssen:

> *„Das Dach ist die Urform des Schutzes, den die Menschen seit jeher gegen den Unbill der Witterung bauen. Es ist für die EXPO 2000 deshalb ein geeignetes architektonisches Motiv, da Freiflächen unter den klimatischen Bedingungen Hannovers auf dem Ausstellungsgelände bis heute wetterabhängig und daher nur eingeschränkt zu nutzen sind.“*[25]

Die ungeschützten Freiflächen bedeuteten demnach für Messebesucher eine Einschränkung an Erlebnismöglichkeit, da z.B. viele Veranstaltungen (Exponate, Aktionen) auf Messehallen beschränkt werden würden. Ein groß dimensioniertes Dach böte daher an zentraler Stelle Witterungsschutz für Veranstaltungen aller Art, wobei trotzdem der Eindruck überwiege, dass dies im Freien stattfinde.[26] Hiermit wurde der Begriff »Mensch« in der Konzeption des Daches abgedeckt, der Begriff »Natur« spiegelt sich wider im Material Holz als nachwachsendem Rohstoff. Das Element Wasser wird ebenso integriert: In der Aufsicht auf das Objekt hätte der Betrachter den Eindruck, dass das Dach auf einer Wasserfläche steht. Zum anderen speist das Regenwasser des Daches den nahen Hermessee durch geometrisch geordnete Grabensysteme im Bereich der Fundamentebene. »Technik« meint, dass das Bauwerk nach »Allgemein anerkannten Regeln der Technik« oder »state of the art« geplant und gebaut worden ist. Dieses bedeutet zum einen, dass der letzte Stand des Ingenieurwissens bei der Tragwerkplanung und Dachhaut zum Zuge kommen sollte/ gekommen ist, andererseits im Bereich des Handwerks modernste Fertigungsverfahren benutzt werden sollen/benutzt wurden.[27]

---

[25] Herzog, Thomas: Hintergrund und Konzeption – Motto und Symbol. In: Herzog, EXPODACH, S. 16.
[26] Vgl. ebd., S. 16.
[27] Vgl. Herzog: Motto, S. 16.

Eine weitere Bemerkung zur Idee des Bauwerks: Bei der Recherche zu diesem Objekt gab es leider keine weiteren Angaben zu alternativen Entwürfen anderer Architekten. In der Annahme, dass die Gestalt von »Bauobjekten mit großer Außenwirkung« mittels eines national-/international ausgeschriebenen Architektenwettbewerbs bestimmt wird, wird dies beim EXPO-Dach vermutlich genauso gewesen sein. Seitens der Deutschen Messe AG bestand – und dies ist ja eingangs des Kapitels erwähnt worden – die Vorgabe, dass die Freiflächen zur wetterunabhängigen Nutzung überdacht werden sollten. Vermutlich hat es auch Entwürfe in »klassischer« Hallenform gegeben (eventuell mit offenen Seitenflächen), der Vorschlag des Architektenbüros von Thomas Herzog scheint aber demnach den meisten Zuspruch bekommen zu haben, weil es bei Messen auch immer um eine Leistungsschau geht.

Problematisch bei solch individuellen Bauwerken ist, dass nicht Regelbauweise oder ein Baukastensystem angewendet werden kann, bei dem auf bereits Bekanntes zurückgegriffen wird, sondern in der Phase der Planung und Tragwerkberechnung anhand von Modell und Simulation der Entwurf soweit optimiert werden muss, dass besondere Normen wie Standsicherheit gewährleistet sind.

Der als »Leitfigur der Tragwerkplanung«[28] angesehene Prof. Julius Natterer zeichnete sich für die Ausplanung verantwortlich. In einem Interview, das er mit der Fachzeitschrift „Holzforschung Austria" im Jahr 2004 aus Anlass seiner nahenden Pensionierung geführt hat, stellt er fest, dass es ohne Normen nicht ginge. In Deutschland seien Normen quasi Gesetzen gleich. Sie sollen [aber] vielmehr Toleranzen erlauben, in denen sich bewegt werden dürfe, nicht aber starr sein. Daraus erwüchse dem Ingenieur ein größerer Verantwortungsbereich, den er schöpferisch ausfüllen könne. Die neu eingeführte Norm EUROCODE 5, die im Vergleich zur DIN z.B. mit neuen, zusätzlichen Sicherheitsbeiwerten (für die Berechnung der Statik) versehen wurde, verursacht – laut Natterer – beim Bauingenieur einen höheren Zeitaufwand. Die Ingenieurhonorare seien damit nicht auskömmlich.[29] Damit meint er einerseits gestiegene Kosten für Bauherren, andererseits, dass der Bauingenieur – gemessen am betriebenen Aufwand – wenig Nutzen durch die Modifikationen der Vorschriften habe.

Das Ausstellungsgelände in Hannover, zur Weltausstellung neben dem alten Messegelände geschaffen, hatte an der ostwärtigen wie westlichen Peripherie die neugeschaffenen Pavillons der einzelnen Nationen. Zentral waren Ausstellungspavillons gelegen wie auch neu angelegte

---

[28] Howest, Markus: Himmel aus Holz. Expo-Dach. In: mikado 6/2000, S. 44 [pdf-Datei, URL= http://www.Mikado-online.de/mediadb715208/29095/mik_06_00_044_047arch.pdf   (Zugriff: 15.10.2004)]. In einem Vortrag über eine von ihm entworfene Brücke in Wiesenfelden (Niederbayern; dort hat Natterer ein Ingenieurbüro) wurde er vom Referenten hinsichtlich seiner Kompetenz »Holzbau-Papst« tituliert.

[29] Vgl. Lackner, Christian: Gut konstruiert ist halb geplant. Interview mit Prof. DI Julius Natterer, ETH Lausanne. In: Holzforschung Austria (HFA): Magazin für den Holzbereich. Heft 01/2004 [als pdf-Datei, URL= http://www.holzforschung.at/service_deu/Interview_Natterer.pdf (Zugriff: 10.02.2005)], S. 12.

Wasserflächen. In diesem Zentrum sollte das EXPO-Dach entstehen und – wie an früherer Stelle erwähnt – einen gegen Niederschläge geschützten Freiraum bieten. Dieses Dach sollte aus einzelnen riesigen Schirmen bestehen, wobei die Dachfläche zur Mitte der Schirmkonstruktion entwässert werden sollte. Eine Entwurfsskizze eines solchen Schirms sieht aus wie ein breitbeinig stehender Gewichtheber, der die Langhantel waagerecht über dem Kopf gestemmt hält.[30] Das komplette Dach wird eine Fläche von der Größe zweier Fußballfelder einnehmen, also 16.000m² bedecken. Ein Schirmelement wird über die Außenmaße von 40m x 40m verfügen, das gesamte Dach wird aus zehn dieser 26m hohen Schirme bestehen. Thomas Herzog stellt als Bedeutung für die Architektur heraus,

> *„daß es hier nicht primär darum geht, unter Verwendung von Holz eine möglichst leicht und transparent, fast »entmaterialiert« wirkende Dachkonstruktion zu realisieren."*[31]

Diese Vorstellungen seien richtig, wenn hauptsächlich künstlich hergestellte Baustoffe verwendet werden und eine Effizienz in der Ausbildung des Tragwerks erreicht werden soll. Dieses meint vor allen Dingen eine materialsparende Trägerausgestaltung, nach der tragende Bauteile nur so dimensioniert werden, wie auch nötig ist.

Bei der Verwendung des Baustoffs Holz soll hingegen die Ausdrucksfähigkeit einer modernen Tragwerkkonstruktion im Vordergrund stehen; gestaltbestimmend soll also eher die Ästhetik sein und nicht die Filigranität, wie sie im Stahlbau möglich ist.

Herzog stellt hierzu drei architektonische Aspekte in den Vordergrund:

- Einsatz heimischen Massivholzes, Rippenschalen zu vernageln und selten zu leimen,

- Verwendung einer äußerst komplexen Struktur, die durch Holz und Holzwerkstoffe in schöner und großzügiger Form verwirklicht wird,

- eine Balance zwischen Struktur und Ästhetik: Leichtigkeit des Materials einerseits und ausdrucksstarke Dimensionierung andererseits [wg. Standsicherheitsnachweis in Bezug auf maximale Wind- und Schneelasten (bzw. Verkehrslasten allgemein)].[32]

Aber nicht nur ästhetische Gesichtspunkte treten bei der Verwendung des Holzes im Bauwesen in den Vordergrund: Die Forderung nach ökonomischer wie auch ökologischer Nutzung der natürlichen Ressourcen spielt eine immer wichtigere Rolle in Bezug auf die *Nachhaltigkeit*. Auf der Umweltkonferenz in Rio de Janeiro 1992 einigten sich die beteiligten Staaten auf eine nachhaltige Entwicklung. Der Begriff *Nachhaltigkeit* meint eine Verbindung von *Ökologie, Ökonomie* und *Soziales*.

---

[30] Siehe Skizze in: Herzog, EXPODACH, S. 17.
[31] Herzog, Thomas: Der Architektonische Entwurf. In: Herzog, EXPODACH, S. 19.
[32] Vgl. Herzog, Entwurf, S. 19f.

> „Neben rein ökonomischem Handeln müssen ökologische Kriterien und Notwendigkeiten sowie
> soziale Aspekte und Verantwortungen das Leben und Wirtschaften einer weiter wachsenden
> Weltbevölkerung bestimmen. Dabei kommt es nicht mehr nur auf das nötige Wirtschaftswachs-
> tum an, sondern u.a. auf den Erhalt der natürlichen Lebensgrundlagen, [...] und die Entwicklung
> intelligenter Techniken, die ökologische Kriterien erfüllen. Konkrete Herausforderungen [...] sind
> z.B. Einsparung der endlichen fossilen Rohstoffe durch vermehrten Einsatz nachwachsender und
> regenerierbarer Rohstoffe [...]. Dadurch werden treibhausfördernde Emissionen reduziert und
> nachhaltiger Klimaschutz betrieben."[33]

Das Prinzip der *Nachhaltigkeit* stammt aus der Forstwirtschaft und dort bezieht es sich auf *Nutzen* und *Schützen* des Waldbestandes. Auf der einen Seite heißt dies, dass mit dem Holzbestand »Geld verdient« werden kann, auf der anderen Seite, dass Schutzflächen ausgewiesen werden zur Aufrechterhaltung des Ökosystems Wald mit der Pflanzen- und Tierwelt. In Deutschland bestehen zwei Drittel des Waldes aus solchen Schutzflächen. Die *Nachhaltigkeit* drückt sich an folgenden Zahlen aus: Einem durchschnittlichen jährlichen Holzeinschlag von $4{,}5^{fm}/_{ha}$[34] (Festmeter pro Hektar) an Stammholz stehen etwa $6^{fm}/_{ha}$ Vorratszuwachs gegenüber. Dies soll sicherstellen, dass nachkommenden Generationen dieses Ökosystem als Raum zur Erholung und auch als Einnahmequelle zur Verfügung stehen kann.[35]

Der weltweite Klimaschutz hängt ab vom Bestand des Waldes, deutsche Schutzmaßnahmen sind zwar für Deutschland und vielleicht für den europäischen Raum wichtig, haben aber marginale Wirkung für den globalen Schutz:

> „Mit ca. 3,9 Mrd. ha sind heute etwa 50% der Landfläche der Erde mit Wald bedeckt, wobei ca.
> 5% in den Entwicklungsländern und 43% in den Industrieländern liegen. In den Regionen der
> südlichen Hemisphäre werden jährlich 12-15 Mio. ha entwaldet. Die heutige Waldfläche wird sich
> daher kurz- und mittelfristig reduzieren, wenn der Waldvernichtung nicht Einhalt geboten wird. In
> welchem Maß dies geschieht, hängt weniger von forstlichen Maßnahmen ab, sondern vorrangig
> von struktur- und gesellschaftlichen Veränderungen in den entsprechenden waldreichen Ländern.
> Während in den Industrieländern die Waldflächen von 1980-1995 insgesamt um ca. 3% zuge-
> nommen haben, verloren die Entwicklungsländer gleichzeitig ca. 9% ihrer Waldflächen."[36]

---

[33] Deutsche Gesellschaft für Holzforschung (DGfH)/ Holzabsatzfonds (Hrsg.): Holz – Rohstoff der Zukunft, nachhaltig verfügbar und umweltgerecht. München/Bonn, Deutsche Gesellschaft für Holzforschung e.V. und Holzabsatzfonds, 2001, [pdf-Datei, URL= http://www.informationsdienst-holz.de/html/f_page.phtml?p1=1117119042&p3=36889 (Zugriff 10.04.2005)] S. 3.

[34] Zum Vergleich: Die Spannweite der Volumeneinheiten der für das EXPO-Dach eingeschlagenen bis zu 50m hohen Weißtannen betrug zwischen 9 und 14fm. Vgl. Daten zur Weißtanne. In: Herzog, EXPODACH, S. 66.

[35] Vgl. DGfH, Rohstoff, S. 3 f.

[36] DGfH, Rohstoff, S. 5.

Der Bereich »*Soziales*« ist in diesem Zusammenhang besonders gefragt, da hier das *Handeln* der Menschen beeinflusst werden muss. Verursacher des Raubbaus sind in der Regel die Industrienationen mit deren Nachfrage nach Tropenhölzern und der Rohdung von Waldflächen zur Erschließung von bspw. Erzvorkommen in Südamerika. Kurzfristiges Nutzen- und Gewinnmaximierungskalkül von kleinen Gruppen gehen zu Lasten der Umwelt mit dem bekannten Szenario der Klimaveränderung. Die Forderung nach *Nachhaltigkeit* entspricht daher einer Gratwanderung, um einen sinnvollen (zukunftsfähigen) Interessenausgleich herzustellen.

Für das Expo-Dach wurde dies wie folgt umgesetzt: Statt exotische und äußerst belastbare Tropenhölzer zu verwenden – was ein »fragliches« Verhalten gewesen wäre – wurde sich für die Weißtanne (lat.: *albies alba*) entschieden. Als typischer Vertreter für europäische Bergmischwälder findet sie sich auch im tannenreichsten Bundesland Baden-Württemberg, in dessen Region Schwarzwald die Stämme geschlagen worden sind.[37] Die Auswahl des Standortes und der Baumart hatte folgende Gründe:

- ein Drittel des Holzvorrates hat ab einer Höhe von 1,3m einen Stammdurchmesser von mehr als 50cm,

- hohe Stabilität gegenüber Sturmwurf (tiefe, dichte Wurzeln),

- deutlich größerer Widerstand gegenüber Schneebruch (als bspw. die Fichte),

- keine alters- und standortbedingte Holzfäule,

- gutes Selbstheilungseigenschaften nach Beschädigung,

- stabilisiert Nährstoffkreislauf insbesondere an basenarmen Standorten und

- wegen Schattentoleranz besonders geeignet zur Schaffung strukturreicher Bestände

Zusammenfassend erweist sich diese Tannenart als ideal für alle Formen der Dauerwaldwirtschaft, weil Kahlschläge vermieden werden können.[38]

Zentral beim Holzbau ist nicht nur die Frage der Festigkeit, sondern auch die der Ökologie:

> *„Je mehr Holz in Bauwerken verwendet wird, umso besser ist dies für die Zukunftschancen unseres Waldes."*[39]

---

[37] Vgl. Hoffmann, Christoph/Rieger, Gerhard/Schabel, Andreas: Weißtannen aus dem Schwarzwald. In: Herzog, EXPODACH, S. 34.

[38] Vgl. Hoffmann, Weißtannen, S. 34.

[39] Herzog, Thomas. Zitiert bei: Howest, Himmel, S. 46 f.

Einerseits schaffte das Einschlagen dieser 70 ausgewählten bis zu 50m hohen Weißtannen[40] – zwischen 150 und 300 Jahre alt [41] – Platz für das Nachwachsen junger Bäume, andererseits hat die Verwendung von Holz noch einen weiteren ökologischen Aspekt: Bäume filtern das Gas CO_2 aus der Luft und sind damit „*C-Senkerpotentiale*"[42]. Um den CO_2-Gehalt der Luft nicht weiter steigen zu lassen, wird der Gebrauch von Biomasse anstatt fossiler Brennstoffe empfohlen. Wenn Holz also nicht verbrannt wird oder vorroten kann, bleibt CO_2 weiterhin gespeichert und damit der Luft entzogen. Daraus erwächst die Forderung, dass viel Holz in den Wäldern produziert werden, d.h. Bäume wachsen und damit CO_2 aufnehmen, und anschließend im Hochbau verwendet werden soll. Von diesem Verfahren wird sich eine positive Entwicklung für das Weltklima erwünscht.[43]

Zusammenfassend ist für die Phase der Idee des Designs des Bauobjekts und der Auswahl des Baustoffs festzuhalten, dass der Umweltaspekt hier ganz besonders im Vordergrund gestanden hat und damit auch deutlich das Motto der *EXPO 2000* widergespiegelt wird.

---

[40] Vgl. Howest, Himmel, S. 47.

[41] Deutsche Bundesstiftung Umwelt (DBU; Hrsg.): Das EXPO-Dach. Innovationen für die Zukunft. Osnabrück, DBU, ohne Datum [URL= http://www.dbu. De/publikationen/download73.html (Zugriff: 25.02.2005)], S. 2 (eigene Numerierung).

[42] DGfH, Rohstoff, S. 7.

[43] Vgl. Hoffmann, Weißtannen, S. 34.

14

4.2 Holzauswahl und -prüfungen, Tragwerkberechnung und Versuche

Im vorangegangen Kapitel wurde schon auf die Problematik der Anwendung vorhandener Normen auf Sonderbauwerke hingewiesen. Ziel dieses Kapitels ist es daher, die technischen Innovationen aufzuzeigen, damit diese Konstruktion zu verwirklicht werden konnte.

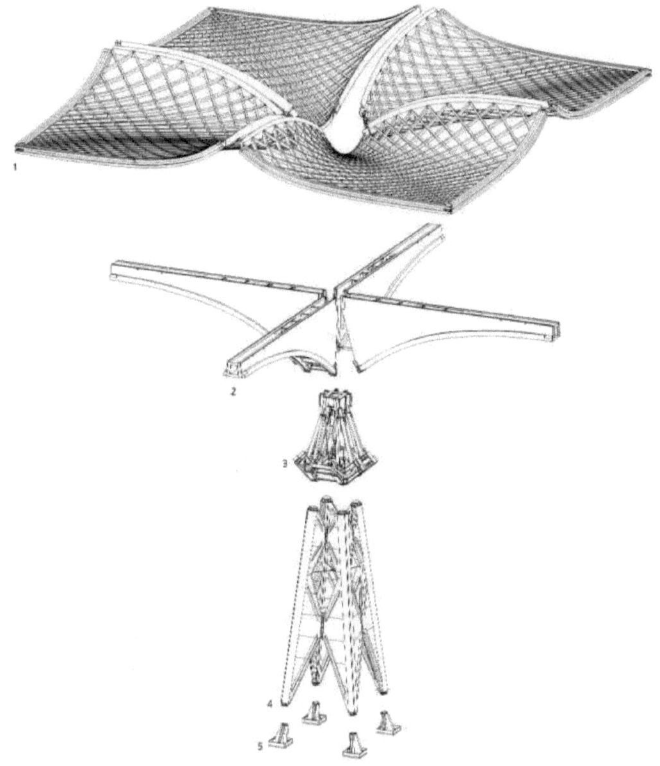

Bild 2: Explosions-Isometrie eines der Schirmelemente des EXPO-Dachs[44].

Quelle: Herzog, EXPODACH, S. 41.

---

[44] Beschreibung von oben nach unten: Gitterschalen [1], Kragträger [2], Stahlpyramide [3], Turm mit vier Vollholzstämmen [4] und Stahlfüße [5].

Wie in der Abbildung [Bild (2)] zu sehen, bilden mehrere Baugruppen einen Schirm. Die doppelt gegensinniggekrümmten Schalenflächen sollen durch diese Bauform die anfallenden Lasten (Eigengewicht, Wind, Schnee) auf die Randglieder und Stahlpyramide ableiten. Die Kragträger – Länge 19m – nehmen die Lasten aus den Randträgern und der Schale auf, wobei die Kräfte vom Untergurt aufgenommen werden sollen. Die Träger sind –wegen der zunehmenden Kräfte zur Schirmmitte hin – dort entsprechend größer dimensioniert. Dadurch, dass die vier Kragträger in der Stahlpyramide münden, werden über diese zentrale Stahlkonstruktion die Lasten über den Dachbereich auf den Turm geleitet. Damit nur Normalkräfte (senkrechtwirkende Kräfte) und Querkräfte auf diesen übertragen werden, ist die Pyramide über vier Stützenköpfe gelenkig mit der Turmkonstruktion verbunden.

Diese wiederum ist mit Aussteifungsscheiben versehen, die die gesamten Horizontalkräfte aus Wind und unplanmäßiger Schiefstellung aufnehmen sollen.[45]

Welche Maßnahmen wurden also ergriffen, damit solch eine Konstruktion stabil ist?

Die Materialqualität ist als erster Punkt zu benennen:

„Die Qualität von Holz für tragende Zwecke wird traditionell visuell beurteilt.“[46]

Begutachtet wird beim Holz auf diese Weise die Ästigkeit, d.h. die Anzahl und Größe von Ästen bezogen auf den jeweiligen Querschnitt, die Breite von Jahresringen und die Faserabweichung. Letzteres meint die Abweichung der Richtung von Holzfasern von der Längsachse des zu untersuchenden Querschnitts. Darüber hinaus wird auf weitere Schädigungen untersucht, die durch Rissbildung, Insekten und Pilze entstehen können.

Ein im deutschsprachigen Raum noch selten verwendetes Ultraschallmessverfahren diente dazu, am stehenden Stamm zu prüfen, ob Kernfäule vorliegt. Alle mittels dieser Methode untersuchten Bäume wiesen nach dem Fällen keine Fäule auf, was die Genauigkeit dieses Verfahrens unterstreicht und unnötigen Einschlag vermeiden hilft.[47]

Um die ausgesuchte Qualität des Holzes nach dem Fällen zu erhalten, d.h. das Vermeiden von Rissen infolge des Schwinden des Holzes beim natürlichen Trocknen, wurden die Stämme zur besseren Durchlüftung in Längsrichtung halbiert und mit Hilfe von Abstandhölzern gelagert. Um den gleichen Trocknungsgrad für beide Hälften zu erhalten, wurde nach halber Lagerungszeit gewechselt.[48] Neben der effizienteren Durchlüftung wurde als Vorteil aufgeführt, dass die Markröhre freigelegt war, wodurch sofort erkennbar gewesen wäre, ob biologische und wachstums-

---

[45] Vgl. Natterer, Julius/Burger, Norbert/Müller, Alan/Natterer, Johannes: Tragwerkplanung. In: Herzog, EXPODACH, S. 40.
[46] Hoffmann, Weißtannen, S. 34.
[47] Vgl. Hoffmann, Weißtannen, S. 34 f.
[48] Vgl. Hoffmann, Weißtannen, S. 35.

bedingte Schädigungen (Kernfäule, Rindeneinwüchse, überwachsene Faulästen) aufgetreten waren.[49]

Die »klassischen« Baustoffprüfverfahren – Bestimmung von statischen Kenngrößen (Elastizitätsmodul[50]) der Rohdichte, Biege- und Bruchversuche (an 78 Prüfkörpern)[51] – sollen nur am Rande erwähnt werden, weil sie ohnehin anwendet werden müssen.

Zwar konnte auf bestehende Baunormen zur Bestimmung der Materialkennwerte für Nadelholz zurückgegriffen werden, da jedoch die Abmessungen der Bauteile größer sind als üblich, mussten die vorhandenen Normwerte (für geringere Größen) jeweils mit den tatsächlichen Werten verglichen werden.[52]

Als weiterer wichtiger Punkt zur Verwirklichung der Idee des EXPO-Daches ist neben der Materialprüfung die ingenieurmäßige Planung zu benennen. Ohne die Unterstützung durch leistungsstarke Computer wäre die Konstruktion der komplexen Bauwerkstruktur nicht möglich gewesen:[53]

> *„Um die Struktur berechenbarer zu machen, sind jedoch dort je nach Art und Komplexität der Tragwerke mehr oder weniger starke Vereinfachungen zu treffen. Als Folge ergeben sich in aller Regel unwirtschaftlichere Konstruktionen und ein unterschiedliches Sicherheitsniveau."[54]*

Mehrere Rechenmodelle waren daher erforderlich, um das Tragverhalten des Bauwerks zu untersuchen. Ein einzelner Schirm wurde in die Bereiche Schirmstruktur mir Schalenflächen und Kragträgern, Stahlpyramide und Turmkonstruktion zerlegt und zur Berechnung in die – in der Statik üblichen – *Stabwerke*[55] vereinfacht, an denen alle erwünschten Parameter überprüft wurden. Für die Schirmkonstruktion ergibt sich folgendes Bild:

> *„Das Rechenmodell der Schirmkonstruktion setzt sich insgesamt aus etwa 2.500 räumlich angeordneten Knotenpunkten[56] und nahezu 9.000 Einzelstäben zusammen, die alle in ihrer Geometrie, den Materialeigenschaften, der Lage und den Knotenverbindungen definiert sind."[57]*

Aus terminlichen Gründen wurde zuerst die Turmkonstruktion berechnet, um über die ermittelten Auflagerkräfte das Fundament entsprechend vorbereiten zu können.[58]

---

[49] Vgl. Kessel, Martin H.: Laborversuche: Festigkeit und Steifigkeit der Tannenstämme. In: Herzog, EXPODACH, S. 38.

[50] *„Wird ein Stab gezogen, so vergrößert sich seine Länge. Der Quotient aus der Längenänderung Δl und er Ausgangslänge l heißt* **Dehnung** ε. *Bei linearelastischem Baustoffverhalten ist die Dehnung proportional zur Zugspannung. Der Proportionalitätsfaktor heißt* **Elastizitätsmodul E**. *Das Produkt* **E×A** *heißt* **Dehnsteifigkeit.**" Tabellenbuch, S. 70.

[51] Vgl. Hoffmann, Weißtannen, S. 35 und Kessel, Laborversuche, S. 38.

[52] Vgl. Kessel, Laborversuche, S. 38.

[53] Vgl. Natterer, Tragwerkplanung, S. 46.

[54] Ebd., S. 46.

[55] *„***Stabwerke** *sind aus Stäben zusammengesetzte statische Systeme. Die Stäbe können durch Biegung und Normalkräfte (Druck, Zug) beansprucht werden. Bei ebenen Stabwerken liegen alle Stäbe in einer Ebene und werden nur [...] in dieser Ebene durch Kräfte beansprucht."* Tabellenbuch, S. 59.

[56] Knoten verbinden die einzelnen Stäbe.

[57] Natterer, Tragwerkplanung, S. 47.

Durch die aufwendige Berechnung der Konstruktion musste das Programm einige Male überarbeitet werden, was aber in der Endsumme in einer Verbesserung des Statikprogrammes mündete.[59] Solche Innovationen, die sich durch die praktische Anwendung ergeben, können allen Ingenieuren nutzen.

Maßstabsgetreue Modelle wurden dazu benutzt, um die Eigenschaften des Einzelschirms wie auch der Gesamtkonstruktion bei Windlast und Schneeverwehung festzustellen. Dazu wurden im Grenzschicht-Windkanal der *Laboratoire de Systèmes Energetiques* (LASEN) der Eidgenössischen Technischen Hochschule in Lausanne Versuchsreihen durchgeführt. Der Grund dafür lag darin, dass – wie sollte es auch anders sein – in den einschlägigen Regelwerken keine Windlastannahmen für diese Konstruktion finden. Dazu wurden Tests mit verschiedenen Windspektren durchgeführt, die unterschiedliche Windhöhen und Böen simulieren sollten. Ziel war es, die maximalen Auflagerkräfte zu ermitteln.

Ergebnis für den Einzelschirm war, dass die doppeltgekrümmte Schalenform wie ein umgedrehter Flügel wirkt. Der entstandene Unterdruck erzeugte eine zusätzliche Belastung der Schalenflächen nach unten. Als weitere Beobachtung stellte sich der sogenannte »*Schmetterlingseffekt*« ein, bei dem sich die jeweils diagonal gegenüberliegenden Schalen wie Schmetterlingsflügel bewegen.

Die Simulation der Schneewehen diente dazu, wie die Zu- bzw. Abnahme der Schneemassen unter Einwirkung des Windes die einzelnen Dachschalen bzw. die Gesamtkonstruktion beeinflusst.[60]

Insgesamt dauerte die Phase der Planung und Entwicklung mit den Abschnitten Modellbau, Berechnung und Simulation, den Windkanalversuchen, Belastungstest mehrere Monate. Die Konstruktion musste immer wieder überprüft werden und den Ergebnissen angepasst werden. Details, wie bspw. die Windaussteifungen statt aus Stahl – wie sonst üblich – aus großflächigen Holzverbundplatten, machten diesen Aufwand notwendig.[61]

---

[58] Als Gründung wurden zehn Ringfundamente mit Pfahlgründung angelegt. Je vier Pfähle mit einem Durchmesser von 1,2m wurden in Tiefen von 10 bis 15m hergestellt. Vgl. Daten zum Bauwerk. In: Herzog, EXPODACH, S. 67.
[59] Vgl, Herzog: EXPODACH, S. 47.
[60] Vgl. Hertig, Jacques-André: Versuche im Windkanal. In: Herzog, EXPODACH, S. 52.
[61] Vgl. Howest, Himmel, S. 44 f.

4.3 Bau, Montage, Bautechnische Prüfung und fertiggestelltes Bauwerk

Nach den planerischen Vorarbeiten sollen in diesem Kapitel die wesentlichen Schritte des Herstellungsprozesses des EXPO-Daches aufgeführt werden.

Mit dem Bau der einzelnen Bauteile wie auch der Montage der Teile waren mittelständische Unternehmen beauftragt, die entweder vor Ort oder an ihren jeweiligen Standorten fertigten.[62] In Hannover wurden z.B. die 40 Gitterschalen in einer Halle auf dem Ausstellungsgelände zusammengebaut: Auf Leergerüsten [Bild (3)] – wie zur Herstellung von Rundbögen bei historischen Steinbrücken – wurden diese Schalen errichtet. Eine Rippenschale überdeckt eine Fläche von etwa 19m x 19m. Konstruktiv besteht sie aus acht bis zehn übereinander angebrachten Brettstapeln, die sich jeweils orthogonal kreuzen. An diesen Kreuzungspunkten verlaufen die Brettlagen wechselseitig und werden verschraubt; an höher belasteten Positionen wird verleimt.[63] Die Rippenabstände sind je nach Kräfteverlauf am Bauteil unterschiedlich bemessen.[64]

Der lagenweise Aufbau unterstützte die einfache Herstellung der Kreuzungspunkte.[65]

Bild 3: Fertigung einer Rippenschale auf einem Leergerüst

Quelle: Herzog, EXPODACH, S. 48.

Auch die Kragträger, an die dann die Rippenschalen angehängt werden, bestehen aus Brettstapelkonstruktion. Der Obergurt des 19m langen, 2,9m breiten und maximal 7m hohen Trägers ist gerade, der Untergurt weist die gleiche Krümmung auf wie die Rippenschale. Der

---

[62] Vgl. Howest, Himmel, S. 45.
[63] Vgl. Natterer, Tragwerkplanung, S. 42.
[64] Vgl. Howest, Himmel, S. 47.
[65] Vgl. Natterer, Tragwerkplanung, S. 40.

Obergurt verfügt zudem über die konstanten Abmessungen von 22/100cm, der Untergurt hat unterschiedliche Querschnitte: 22/110cm bis 22/145cm.

In den Randbereichen (äußeres Drittel des Kragarms) wurde der Träger als geschlossener Kastenquerschnitt gebaut, weil dadurch große Torsions- und Biegesteifigkeit erreicht werden konnte.[66]

Die Stahlpyramide verbindet die Dachkonstruktion mit dem Turm und nimmt die anfallenden Kräfte aus Rippenschalen und Kragträgern auf und leitet sie über die Stützen ins Fundament ab. Mit den Maßen von 5,5m x 5,5m und 7m Höhe – bei einem Eigengewicht von 32t – führt auch dieses Bauteil vor Augen, welche Belastungen abgefangen werden müssen. Zahlreiche Aussteifungen – teilweise vorgespannt – sollen Verformungen verhindern. Die Herstellung dieses zentralen Teils der Gesamtkonstruktion erforderte hohe Anforderungen bei der Planung und beim Schweißen hinsichtlich Genauigkeit und Präzision.[67] Verständlicherweise ist dies auch vorauszusetzen, weil einerseits die Anschlüsse zu Trägern und Schale allein deren Eigengewichte tragen müssen[68] und anderseits die Kraftabtragung über die Auflager auf den Stützen funktionieren muss.

Der 17,6m hohe, auf einer Grundfläche von 6m x 6m stehende Turm[69] besteht aus vier Stützen, die jeweils aus einem Stamm bestehen. Der Stammdurchmesser liegt zwischen 68cm am unteren und 110cm am oberen Ende, steht damit »auf dem Kopf«. Sie sind deshalb so aufgestellt, weil die Beanspruchung im Bereich der Stahlpyramide am größten ist. Die Besonderheit einer Stütze (also eines Stammes) liegt darin, dass der Baum in zwei Halbrundstämme aufgetrennt wurde (Siehe Anfang des vorhergehenden Kapitels). Über 63mm starke Zwischenhölzer und Einpressdübel im Abstand von 50 bis 75cm wurden die Hälften miteinander verbunden. Am Fundament laufen die Stützen in Stahlfüße. Die Aussteifung des Turmes wurde – wie an früherer Stelle erwähnt – durch beidseitig aus Funierschichtholz beplankte Brettschichtholzdiagonale erreicht. Einpressdübel, teilweise mit eingebauten Tellerfedern versehen, verbinden auch an dieser Stelle dauerhaft. Um ein Umklappen und Verdrehen der Stützen zu verhindern, wurden zusätzlich an verschieden Ebenen horizontale Stahlzugstäbe eingebaut.

Die Bauzeit des EXPO-Daches ging von Sommer 1999 bis Ende 1999 und benötigte ein Investitionsvolumen von 33,1 Mio. DM.[70]

---

[66] Vgl. Natterer, Tragwerkplanung, S. 42 f.

[67] Vgl. ebd., S. 43.

[68] Ca. 236t ist das Gewicht der vier Träger (je 22t) und der Schalen (je 37t). Zusätzlich fallen Kräfte aus Wind- und Schneelasten etc. an.

[69] Vgl. Daten zum Bauwerk. In: Herzog, EXPODACH, S. 67.

[70] Vgl. Messebauten in Hannover [URL= http://www.baunetz.de/arch/expo/expodach.htm (Zugriff: 21.01.2005)].

20

Bild 4: Montage eines Schirms

Quelle: Herzog EXPODACH, S. 62.

Der Forderung nach einer effizienten Baustellenorganisation spiegelt sich darin wider, dass die einzelnen Baugruppen parallel von den einzelnen Unternehmen gefertigt wurden. Dies machte allerdings erforderlich, dass einfache aber passgenaue Anschlüsse entwickelt werden mussten, um eine schnelle Montage zu unterstützen. In der Regel wurden diese als Stahl-Stahl Verbindungen ausgeführt.

Der Rippenschale kam bei der Montage besondere Aufmerksamkeit zu, da diese im Gegensatz zu den restlichen Bauteilen, von aufwendigerer Konstruktion war. Die Stützen, Stahlpyramide und Kragträger sind, was die Bauform betrifft, verhältnismäßig einfach zu montieren. Die Schalen wurden bekanntlich auf Leergerüsten gefertigt. Um sie von der Fertigungshalle zur Baustelle zu verbringen, wurde eine Traverse benutzt. Die Randglieder mussten also entsprechend stabil sein. Auf Tiefladern wurden die fertigen Schalen transportiert. An acht Punkten war die Schale mit der Traverse verbunden, die Aufhängepunkte für den Kran waren an den Kreuzungspunkten der großen Stahlprofile. Abb. 5 zeigt eine Rippenschale am Kran, um sie montieren zu können. Der Bauherr forderte, dass zusätzlich eine Montagestatik entwickelt werden sollte, nachdem beabsichtigte Transport- und Montagezustände übermittelt worden waren. Der verantwortliche Ingenieur musste dabei die Statik für folgende Situationen nachweisen:

- *„Traversenkonstruktion für die Rippenschalen,*

- *Traversenkonstruktion für den Tieflader,*

- *Hub- und Lagerzustand für den Kragträger,*

- *vier Kragträger und eine Rippenschale montiert,*

- *vier Kragträger und zwei benachbarte Rippenschalen montiert,*

- *vier Kragträger und drei Rippenschalen montiert,*

- *Auflagerbock für die Abstützung des Kragträgers."*[71] [Siehe Bild (4)]

Die Landesbauordnung schreibt vor, dass die Untere Baubehörde bei Ingenieurbau-werken die Statik prüft. In diesem vorliegenden Fall – höherer Schwierigkeitsgrad – wurden die Expertisen von Prüfingenieuren entsprechender Fachrichtung mit dem Ziel eingefordert, unabhängig zu überprüfen, ob die *Allgemein anerkannten Regeln der Technik* Hinblick auf rechnerische Nach-weise, Trag- und Gebrauchsfähigkeit etc. eingehalten worden sind. Während des Prüfens der Planungsunterlagen gemäß der Lastansätze aus DIN 1055[72] (Lastannahmen) wurden bei-spielsweise die Windkanalversuche eingefordert. Darüber hinaus wurden Vergleichsrechnun-gen im Rahmen der DIN 1052[73] (Holzbau) durchgeführt. Probleme bestanden bezüglich wirk-lichkeitsnaher Annahmen für die Steifigkeiten der Verbindungsmittel und einer den realen Be-dingungen nahekommenden Vereinfachung in statische Systeme.

Für Bauteile selbst wurden bspw. Versuche an Modellen im Maßstab von 1:1 durchgeführt.[74]

Während der Bauausführung wurden stichprobenartige Überprüfungen der Konstruktion vorge-nommen: Leimarbeiten wurden in Hinblick auf Qualität durch die *Forschungs- und Materialprü-fungsanstalt* (FMPA) aus Stuttgart analysiert, die Vollholzstämme im *Labor für Holztechnik* (LHT) in Hildesheim, die Rippenschalen durch stichproben-artiges Nachmessen im Leergerüst bzw. im fertig montierten Zustand.

Ein weiteres Sondergutachten musste für den Brandschutz eingeholt werden.[75]

Lindemann und Speich heben abschließend hervor,

---

[71] Bertsche, Peter: Transport und Montage. In: Herzog, EXPODACH, S. 60.

[72] Siehe dazu: Schneider, Klaus-Jürgen: Lastannahmen (DIN 1055). In: Schneider, Klaus-Jürgen (Hrsg.): Bautabellen für Ingenieure mit Berechnungshinweisen und Beispielen. 13. Auflage. Düsseldorf, Werner Verlag, 1998, S. 3.1-3.45.

[73] Siehe dazu: Steck, Günter: Holzbau (EC 5), Holzbau (DIN 1052). In: Schneider, Bautabellen, S. 9.2-9.96.

[74] Vgl. Lindemann, Josef/ Speich, Martin: Unabhängige Bautechnische Prüfung. In: Herzog, EXPODACH, S. 61.

[75] Vgl. Lindemann, Prüfung, S. 61 f.

22

„daß bei diesem Bauwerk höchste Ansprüche von allen Beteiligten sowohl bei der Planung und als auch bei der Herstellung erfüllt werden mußten, insbesondere aufgrund des innovativen Charakters dieser herausragenden Holzkonstruktion."[76]

Dieses aus zehn Einzelschirmen bestehende EXPO-Dach hat sich zusammenfassend wirklich als innovatives Bauwerk erwiesen und ist allein optisch beeindruckender als eine »schlichte« Hallenkonstruktion, die stattdessen hätte gebaut werden können. Dies wäre vielleicht kostengünstiger gewesen, aber wenig revolutionär.

Die Innovationen zeigen sich an vielen Punkten: Die Holzschirme sind für sich allein tragfähig und standsicher, dennoch wurden sie gekoppelt, weil dadurch statische Schnittgrößen besser verteilt und die Extremwertbeanspruchung auf die Stützen geringer werden. Auch auf Wind- und Schneelasten hat die Kopplung günstigen Einfluss: Die rechnerische Gesamtverformung (inkl. Anteile aus Stahlpyramiden- und Turmkonstruktion) liegt an der Spitze der Kragträger bei 13cm, an den freien Ecken der Rippenschale bei 36cm. Unter Eigenlast ergeben sich folgende Werte: 3,5cm an der Spitze des Trägers, 7,3cm an einer freien Ecke. Im Vergleich dazu die Werte eines einzelnen, nicht gekoppelten Schirmes: 17cm an der Kragträgerspitze und 50cm an einer freien Ecke. Der Einfluss des Koppelns auf das Gesamtsystem hat also deutlichen Einfluss.[77]

Auch der bisher noch nicht angesprochene Holzschutz ist innovativ: Das EXPO-Dach wurde nicht chemisch behandelt, sondern durch konstruktive Maßnahmen verwirklicht.[78] Im Vorfeld wurde durch genaue Auswahl und Prüfung sichergestellt, dass »gesunde« Bäume, also frei von Pilzen etc., als Rohstoff dienten.

Konstruktiv meint hierbei vor allen Dingen, dass der Schirm an sich schon Wetterschutz bietet. Die in Abb. 6 zu sehende Membran erfüllt diese Aufgabe: Diese ist zu 100% recyclierbar und besteht aus ETFE-Folie (Kohlenstoff, Wasserstoff, Fluor).

Sie ist sehr strapazierfähig und hat eine durchschnittliche Lebenserwartung von 20 Jahren.[79]

---

[76] Lindemann, Prüfung, S. 62.
[77] Vgl. Bertsche, Peter: Koppelung der Schirme. In: Herzog, EXPODACH, S. 60.
[78] Vgl: Burger, Norbert/ Natterer, Julius: Innovationen im Holzbau. In: Herzog, EXPODACH, S. 53.
[79] Vgl. Wittenborn, Rainer: Die Membrane. In: Herzog, EXPODACH, S. 30 f.

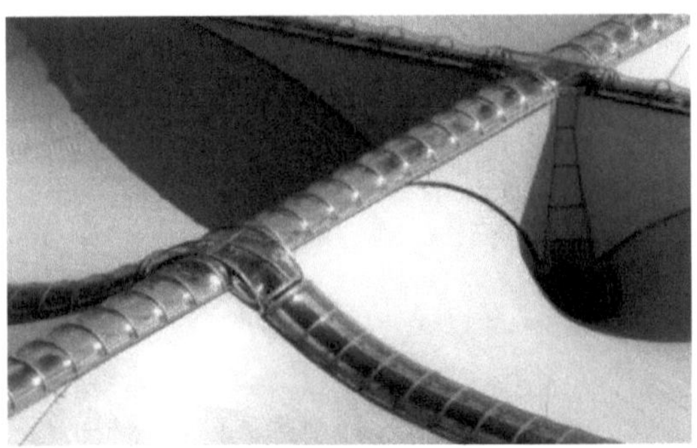

Bild 5: Konstruktiver Holzschutz durch freischwebende Membran

Diese Dachhaut ist so angebracht, dass sie nicht mit den Holzteilen in Berührung treten kann (Vorspannung). Regenwasser kann– resultierend aus der Schalenform – über die Membran Richtung Schirmmitte abfließen, um dort über senkrechte Fallrohre bis in die Grachten geleitet zu werden. Durch die »schwebende« Anordnung kann das Bauwerk auch permanent durchlüftet werden und trocknen.

Sensible Punkte sind – dadurch, dass Eindringflächen für Wasser und damit auch Schädlinge geboten werden – die Übergänge vom Holz in Metallverbindungsmittel und hierbei besonders die Hirnholzfläche am Stützfuß. Durch Latexanstriche soll dieses Problem beseitigt worden sein.[80] Zusammenfassend ist aber der Vorteil einer permanenten Durchlüftung als effizienter Holzschutz herauszustellen.

---

[80] Vgl. Burger, Innovationen, S. 53.

5. Zusammenfassung und Ausblick

Die eingangs dieser Arbeit gestellte Frage, ob Holz als Baustoff konkurrenzfähig ist, kann mit der Existenz des EXPO-Daches als Referenzobjekt »bejaht« werden.

Viele Dinge, die schon bei der Beschreibung der Geschichte des Holzbaus aufgeführt wurden und am EXPO-Dach verwendet wurden, sind nicht neu, sondern haben sich über Jahre oder auch Jahrhunderte weiterentwickelt: Unterstützung durch EDV (CAD, CNC, Statikprogramme), Verbindungstechniken zur Herstellung leistungsfähiger Trägerquerschnitte (Brettstapel/Brettschichtholz), (Einpress-) Dübel- und Leimverbindungen. Eine wichtige Feststellung ist auch, dass dieses Objektes nicht durch einen riesigen Baukonzern verwirklicht wurde, sondern,

> *„dass mittelständische Holz verarbeitende Familienbetriebe in der Lage sind, durch sinnvolle Arbeitsteilung untereinander auch ambitionierte Großbauten unter Einsatz des letzten Standes der Technik zu realisieren.“*[81]

Die beteiligten Unternehmen können einerseits ihr handwerkliches Geschick an solch außergewöhnlichen Projekten unter Beweis stellen, andererseits – mit besonderen konstruktiven Problemen konfrontiert – einen Anpassungsprozess vollziehen, also wieder in der Position der Lernenden sind. Die gewonnenen Lösungsansätze bieten damit einen Wissens- und Erfahrungsvorsprung, der bei der alltäglichen, nicht aus Sonderaufträgen bestehenden, Arbeit Vorteile bietet und effizienteres Bauen fördert.

Ingenieure konnten am EXPO-Dach die Grenzen des im Holzbau Machbaren ausloten, vielleicht sogar ein wenig verschieben. Auch hier fanden Anpassungsprozesse statt, weil sich Modelle als nicht stabil erwiesen oder Computerprogramme modifiziert werden mussten, weil bisherige Annahmen nicht mehr geeignet waren. Einige Veränderungen bezogen sich nur auf dieses singuläre Bauwerk, andere betreffen z.B. alle Ingenieure (aktualisierte Statik-Programme etc).

Das finanzielle Volumen solcher Bauprojekte rechnet sich nur dann, wenn Nachnutzen besteht und der Gebrauch nicht von kurzer Dauer (bspw. Zeitrahmen der EXPO) ist. Für das EXPO-Dach selbst besteht daher die Forderung nach weiterer Verwendung im Rahmen von Messen oder als Begegnungsstätte für kulturelle Veranstaltungen.

Der weitere Nutzen solcher Objekte ist offen, weil die am EXPO-Dach ausgeführten Innovationen für die Anwendung im »gewöhnlichen« Hausbau doch zu speziell ausgefallen sind: Vielleicht werden – wenn sich solche Neuerungen durchsetzen – statt Dachziegeln oder Bitumenbahnen in Zukunft freischwebende Membrane als Dachhaut verwendet (bspw. bei Pult-

---

[81] Howest, Himmel, S. 45. Zitiert nach Thomas Herzog.

dächern). Dies liegt jedoch in der Verantwortung des Projektleiters, der dies vorschlägt, oder des Bauherren, der dies einfordert.

Kurzfristig besteht zumindest ein Nutzen aus dem visuellen Reiz des EXPO-Daches, der aber auch verschiedene Interpretation erlaubt:

> *„Den Bildern und Gedanken des Betrachters sind beim Anblick des Bauwerks keine Grenzen gesetzt: Für den einen ist es ein Wahrzeichen mit hohem Verbreitungseffekt ähnlich dem Stadiondach für Olympia 1972 in München, für den anderen ein geniales Bauwerk, in dem sich handwerkliche Erfahrung, industrielles Können und technischer Fortschritt vereinen und wieder andere erinnert die Form des Daches gar an »Pinienhaine, riesige Farne, an Blätter oder Vogelschwingen«.“*[82]

---

[82] Howest, Himmel, S. 47.

Literaturangaben

1. **Arbeitsgemeinschaft Holz e.V.** (Hrsg.): *Das ExpoDach in Hannover, errichtet anläßlich der Weltausstellung EXPO2000.* Düsseldorf, Arbeitsgemeinschaft Holz e.V., 2000.

2. **Deutsche Bundesstiftung Umwelt** (DBU; Hrsg.): *Das EXPO-Dach. Innovationen für die Zukunft.* Osnabrück, DBU, ohne Datum [URL= http://www.dbu.de/publikationen/download73.html (Zugriff: 25.02.2005)], S. 1-2 (eigene Numerierung).

3. **Deutsche Gesellschaft für Holzforschung** (DGfH)/**Holzabsatzfonds** (Hrsg.) [Rohstoff]: *Holz – Rohstoff der Zukunft, nachhaltig verfügbar und umweltgerecht.* München/Bonn, Deutsche Gesellschaft für Holzforschung e.V. und Holzabsatzfonds, 2001 [pdf-Datei, 32 Seiten, URL= http://www.informationsdienst-holz.de/html/f_page.phtml?p1=1117119042&p3=36889 (Zugriff 10.04.2005)].

4. **Herzog, Thomas** (Hrsg.) [EXPODACH]: *EXPODACH. Symbolbauwerk zur Weltausstellung Hannover 2000. Roof Structure at the World Exhibition, Hanover, 2000.* München - London - New York, Prestel-Verlag, 2000, hieraus folgende Aufsätze:

    a. **Bertsche, Peter**: *Koppelung der Schirme.* In: Herzog, EXPODACH, S. 60.

    b. **Bertsche, Peter**: *Transport und Montage.* In: Herzog, EXPODACH, S. 60

    c. **Burger, Norbert/Natterer, Julius** [Innovationen]: *Innovationen im Holzbau.* In: Herzog, EXPODACH, S. 53-55.

    d. *Daten zum Bauwerk.* In: Herzog, EXPODACH, S. 67.

    e. *Daten zur Weißtanne.* In: Herzog, EXPODACH, S. 66.

    f. **Hertig, Jacques-André**: *Versuche im Windkanal.* In: Herzog, EXPODACH, S. 52.

    g. **Herzog, Thomas** [Entwurf]: *Der Architektonische Entwurf.* In: Herzog, EXPODACH, S. 18-20.

    h. **Herzog, Thomas** [Motto]: *Hintergrund und Konzeption – Motto und Symbol.* In: Herzog, EXPODACH, S. 16.

    i. **Hoffmann, Christoph/Rieger, Gerhard/Schabel, Andreas** [Weißtannen]: *Weißtannen aus dem Schwarzwald.* In: Herzog, EXPODACH, S. 34-35.

    j. **Kessel, Martin H.** [Laborversuche]: *Laborversuche: Festigkeit und Steifigkeit der Tannenstämme.* In: Herzog, EXPODACH, S. 38.

    k. **Lindemann, Josef/Speich, Martin** [Prüfung]: *Unabhängige Bautechnische Prüfung.* In: Herzog, EXPODACH, S. 61-62.

l. **Natterer, Julius/Burger, Norbert/Müller, Alan/Natterer, Johannes** [Tragwerk-planung]: *Tragwerkplanung*. In: Herzog, EXPODACH, S. 40-49.

m. **Wittenborn, Rainer**: *Die Membrane*. In: Herzog, EXPODACH, S. 30-31.

5. **Herzog, Thomas/Natterer, Julius/Schweitzer, Roland/Volz, Michael/Winter, Wolfgang** (Hrsg.) [Atlas]: *Holzbau Atlas*. 4. Auflage, neu bearbeitet. Basel: Birkhäuser-Verlag für Architektur, 2003, daraus folgende Aufsätze:

   a. **Schweitzer, Roland** [Anfänge]: *Der Baustoff Holz – von den Anfängen bis zum 19. Jahrhundert*. In: Herzog, Atlas, S. 24-29.

   b. **Volz, Michael** [Baustoff]: *Der Baustoff Holz*. In: Herzog, Atlas, S. 31-53.

6. **Hiese, Wolfgang** [Holz]: *Holz und Holzbaustoffe*. In: Hiese, Wolfgang (Hrsg.): Baustoff-kenntnis. 14., neubearbeitete und erweiterte Auflage. Düsseldorf: Werner-Verlag, 1999, S. 779-856.

7. **Howest, Markus** [Himmel]: *Himmel aus Holz. Expo-Dach*. In: mikado 6/2000 [pdf-Datei, URL= http://www.Mikado-online.de/mediadb715208/29095/mik_06_00_044_047arch.pdf (Zu-griff: 15.10.2004)], S. 44-47.

8. **Lackner, Christian**: *Gut konstruiert ist halb geplant. Interview mit Prof. DI Julius Natterer, ETH Lausanne*. In: Holzforschung Austria (HFA): Magazin für den Holzbereich. Heft 01/2004 [als pdf-Datei, URL= http://www.holzforschung.at/service_deu/Interview_Natterer.pdf (Zugriff: 10.02.2005)], S. 12-13.

9. **Meyers Großes Taschenlexikon in 26 Bänden**. 9., neu bearbeitete und erweiterte Auf-lage. Mannheim: Bibliographisches Institut & F.A. Brockhaus AG, 2003, Band 10: Hig-Isk, S. 3113.

10. **Mönck, Willi/Rug, Wolfgang** [Holzbau]: *Holzbau. Bemessung und Konstruktion unter Beachtung von Eurocode 5*. 14., durchgesehene Auflage mit über 100 Rechenbeispielen nach DIN 1052 und EC 5. Berlin: Verlag Bauwesen, 2000.

11. **Rug, Wolfgang** [100 Jahre]: *100 Jahre Holzbautechnik. Aus Anlass von „100 Jahre BDZ" ein geraffter Rückblick (Teil 1)*. In: bauen mit holz. Heft 3/2003 [pdf-Datei, URL= http://www.holzbau-statik.de/publikation/01_geschichte.htm (15.10.2004)], S. 28-32.

12. **Schneider, Klaus-Jürgen** (Hrsg.) [Bautabellen]: *Bautabellen für Ingenieure mit Berech-nungshinweisen und Beispielen*. 13. Auflage. Düsseldorf, Werner Verlag, 1998, Hinweis auf folgende Kapitel [Mittlerweile aber neuere Auflagen erhältlich!]:

13. **Schneider, Klaus-Jürgen**: *Lastannahmen (DIN 1055)*. In: Schneider, Bautabellen, S. 3.1-3.45.

14. **Steck, Günter**: *Holzbau (EC 5), Holzbau (DIN 1052)*. In: Schneider, Bautabellen, S. 9.2-
9.96.

15. **Tabellenbuch Bautechnik** [Tabellenbuch]. *Tabellen – Formeln – Regeln – Bestimmungen*. 4. überarbeitete Auflage. Haan-Gruiten: Verlag Europa-Lehrmittel, 1997, S. 174-
178.

Internetquellen

- **Messebauten in Hannover** (URL= http://www.baunetz.de/arch/expo/expodach.htm (Zugriff:
21.01.2005)).

Bild- und Abbildungsverzeichnis

---

[83] Quelle: URL= http://www.mikado-online.de/MikadoMagazin/p_2000.html (Zugriff: 21.01.2005).